JN022626

SumikkOgurashi™
koko ga ochitsukundesu.

SUMIKKO™
GURASHI

SUMIKKOGURASHI™

すみっコぐらし™ 学習ドリル

小学2年 算数の文しょうだい

しろくま

北からにげてきた、さむがりでひとみしりのくま。あったかいお茶をすみっこでのんでいるときがおちつく。

ぺんぎん？

じぶんはぺんぎん？じしんがない。昔はあたまにお皿があったような…。

とんかつ

とんかつのはじっこ。おにく1％、しぼう99％。あぶらっぽいからのこされちゃった…。

ねこ

はずかしがりやのねこ。気が弱く、よくすみっこをゆずってしまう。

とかげ

じつは、きょうりゅうの生きのこり。つかまっちゃうのでとかげのふりをしている。

この ドリルの つかい方

1

ドリルを した
日にちを
書きましょう。

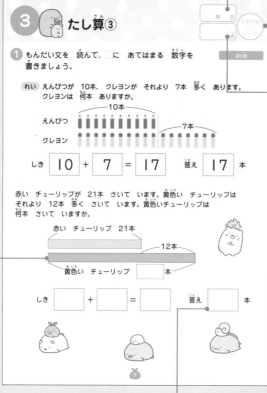

3 たし算③

① もんだい文を 読んで、□に あてはまる 数字を
書きましょう。

れい えんぴつが 10本、クレヨンが それより 7本 多く あります。
クレヨンは 何本 ありますか。

10本

えんぴつ

クレヨン 7本

しき 10 + 7 = 17 答え 17 本

赤い チューリップが 21本 さいて います。黄色い チューリップは
それより 12本 多く さいて います。黄色いチューリップは
何本 さいて いますか。

赤い チューリップ 21本

12本

黄色い チューリップ □ 本

しき □ + □ = □ 答え □ 本

月 日
点

できたね
シール

40点

4

おわったら
おうちの 方に
答え合わせを
して もらい、
点数を つけて
もらいましょう。

2

テープ図やイラストを
見て考えましょう。
テープ図やイラストが
ない もんだいは、
テープ図やイラストを
そうぞうして
考えましょう。

3

答えは
ていねいに
書きましょう。

5

1回分が おわったら
「できたね シール」を
1まい はりましょう。

できたね
シール

おうちの方へ

●このドリルでは、2年生で学習する算数のうち、文章題を中心に学習します。すみっコぐらし
学習ドリル「小学2年のひっさん・かけざん」と併用すると、より効果的です。

●学習指導要領に対応しています。

●答えは73〜80ページにあります。

●1回分の問題を解き終えたら、答え合わせをしてあげてください。

●まちがえた問題は、どこをまちがえたのか確認して、しっかり復習してください。

●「できたね シール」は多めにつくりました。あまった分はご自由にお使いください。

月　日

点

てきたね
シール

1 もんだい文を　読んで、□に　あてはまる　数字を
書きましょう。

1つ25点（50点）

れい　たぴおかが　12ひきと　17ひき　います。合わせて　何びき
いますか。

10のまとまり　　　　　　　10のまとまり

しき | 12 | + | 17 | = | 29 |　答え | 29 | ひき

① きのこが　14本と　11本　あります。合わせて　何本　ありますか。

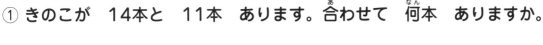

しき | 14 | + | 11 | = | |　答え | | 本

② 赤い　花が　18本、青い　花が　15本　さいて　います。花は　合わせて
何本　さいて　いますか。

しき | | + | | = | |　答え | | 本

もんだいに 出てくる 数を 下のような 図に あらわすと
わかりやすく なります。このような 図を 「テープ図」と いいます。

合わせて 26 ぴき

たぴおか 14ひき　　　ほこり 12ひき

しき　14 ＋ 12 ＝ 26　答え　26 ぴき

2 もんだい文を 読んで、□に あてはまる 数字を
書きましょう。

1つ25点(50点)

① 2年生は 2クラス あり、1組は 33人、2組は 34人です。1組と
2組を 合わせて 何人 いますか。

合わせて □ 人

1組 33人　　　2組 34人

しき　□ ＋ □ ＝ □　　答え　□ 人

② おかしやさんで 32円の おかしと 22円の ジュースを 買いました。
そのあと、文ぼうぐやさんで 42円の けしゴムを 買いました。
だい金は ぜんぶで いくらに なりますか。

ぜんぶで □ 円

おかし 32円　ジュース 22円　けしゴム 42円

しき　□ ＋ □ ＋ □ ＝ □　　答え　□ 円

2 たし算②

1 もんだい文を　読んで、□に　あてはまる　数字を　書きましょう。

1つ20点（40点）

れい　りすが　14ひき　います。あとから　19ひき　きました。
ぜんぶで　何びきに　なりましたか。

┌── 10のまとまり ──┐　　┌── 10のまとまり ──┐

しき | 14 | + | 19 | = | 33 |　答え | 33 | びき

① わたしは　55円　もって　います。弟が　32円を　もって　きました。
ぜんぶで　いくらに　なりましたか。

しき □ ＋ □ ＝ □　答え □ 円

② 2年生が　19人で　あそんで　います。そこに　1年生が　22人　くわわり
ました。ぜんぶで　何人に　なりましたか。

ぜんぶで □ 人

2年生　19人　　　1年生　22人

しき □ ＋ □ ＝ □　答え □ 人

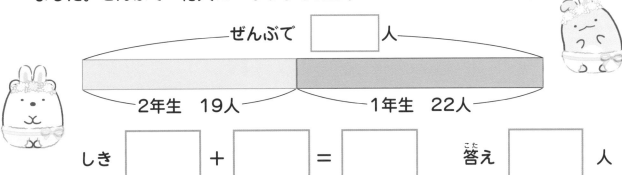

② もんだい文を 読んで、□に あてはまる 数字を 書きましょう。

① ゆうまさんは きのう 本を 39ページ 読みました。
今日は 22ページ読みました。合わせて 何ページ 読みましたか。

しき □ ＋ □ ＝ □ 　　　答え □ ページ

② パンやさんに あんぱんが 18こ あります。そのあと 23こ やけました。
あんぱんは ぜんぶで 何こ ありますか。

しき □ ＋ □ ＝ □ 　　　答え □ こ

③ バスに 15人 のって いました。つぎの バスていで 6人、そのつぎの
バスていで 5人 のって きて、おりる 人は いませんでした。
バスには ぜんぶで 何人 のって いますか。

しき □ ＋ □ ＋ □ ＝ □ 　答え □ 人

月　日

できたね
シール

点

1 もんだい文を　読んで、□に　あてはまる　数字を
書きましょう。

`40点`

れい　えんぴつが　10本、　クレヨンが　それより　7本　多く　あります。
クレヨンは　何本　ありますか。

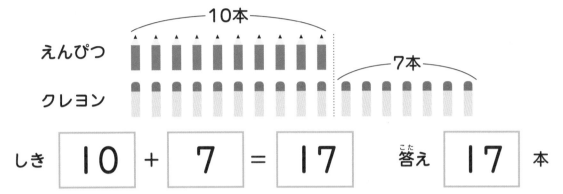

しき　| 10 | ＋ | 7 | ＝ | 17 |　　答え　| 17 | 本

赤い　チューリップが　21本　さいて　います。黄色い　チューリップは
それより　12本　多く　さいて　います。黄色いチューリップは
何本　さいて　いますか。

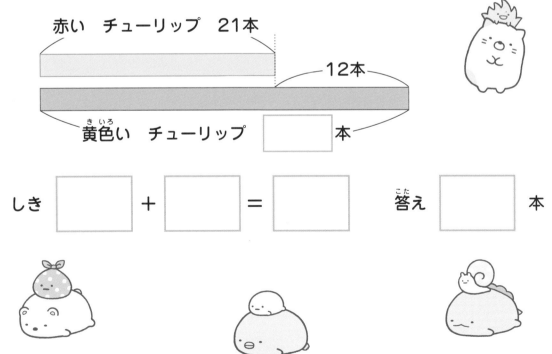

赤い　チューリップ　21本

12本

黄色い　チューリップ　□　本

しき　□　＋　□　＝　□　　答え　□　本

② もんだい文を 読んで、しきと 答えを 書きましょう。

① 2年1組には 男の子が 18人 います。女の子は 男の子より 2人多く います。女の子は 何人 いますか。

しき ⬚　　　　　　　　　　　　　　　答え ⬚ 人

② はるかさんは 78円 もって います。お姉さんは はるかさんより 15円 多く もって います。お姉さんは いくら もって いますか。

しき ⬚　　　　　　　　　　　　　　　答え ⬚ 円

③ ただしさんは なわとびを 36回 とびました。しげるさんは ただしさんより 26回 多く とびました。 しげるさんは 何回 とびましたか。

しき ⬚　　　　　　　　　　　　　　　答え ⬚ 回

4 たし算④

1 もんだい文を　読んで、□に　あてはまる　数字を
書きましょう。

① ただしさんは　きのうまでに　本を　88ページ　読みました。今日は
26ページ　読みました。ぜんぶで　何ページ　読みましたか。

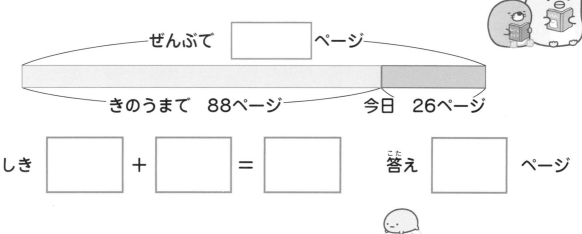

ぜんぶで　□　ページ

きのうまで　88ページ　　　今日　26ページ

しき　□　＋　□　＝　□　　答え　□　ページ

② はるきさんは　106円　もって　います。ゆいさんは　はるきさんより
55円　多く　もって　います。ゆいさんは　いくら　もって　いますか。

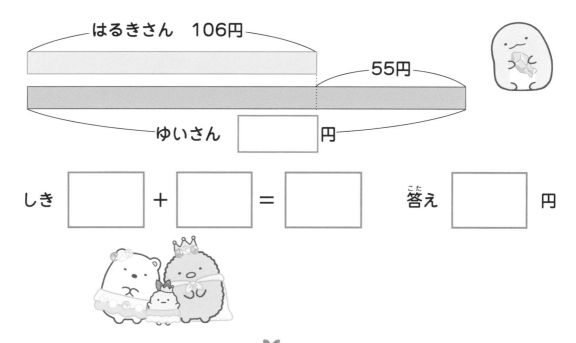

はるきさん　106円

55円

ゆいさん　□　円

しき　□　＋　□　＝　□　　答え　□　円

② もんだい文を 読んで、しきと 答えを 書きましょう。

① 西小学校の 1年生は 68人で、2年生は 70人です。
1年生と 2年生を 合わせると 何人 いますか。

しき 　　　　　　　　　　　　　　　　　答え 　　　　人

② はるかさんは 色紙を 115まい もって います。のぼるさんは
はるかさんより 22まい 多く もって います。
のぼるさんは 色紙を 何まい もって いますか。

しき 　　　　　　　　　　　　　　　　　答え 　　　　まい

5 たし算⑤

1 もんだい文を 読んで、□に あてはまる 数字を 書きましょう。

① おせんべいが 何まいか あります。18まい くばったので、 のこりが 7まいに なりました。 おせんべいは はじめに 何まい ありましたか。

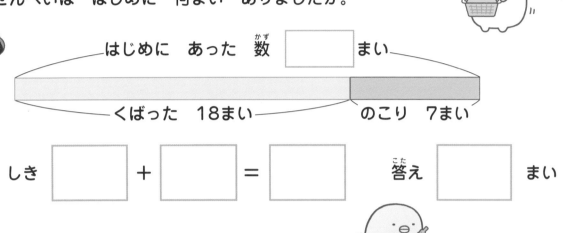

はじめに あった 数 □ まい

くばった 18まい　　のこり 7まい

しき □ ＋ □ ＝ □　　答え □ まい

② 色紙が 何まいか あります。24まい くばったので のこりが 12まいに なりました。色紙は はじめに 何まい ありましたか。

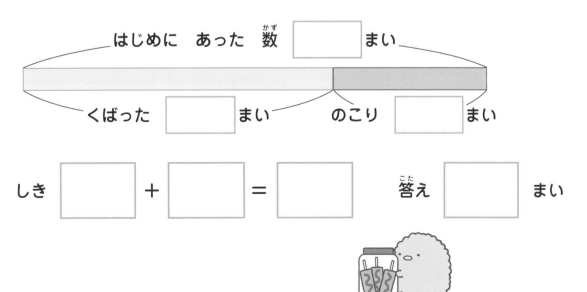

はじめに あった 数 □ まい

くばった □ まい　　のこり □ まい

しき □ ＋ □ ＝ □　　答え □ まい

① ラムネが 何本か あります。36本 くばったので、のこりが
11本になりました。ラムネは はじめに 何本 ありましたか。

（テープ図）

しき _____　　答え ___ 本

② えい画かんに おきゃくさんが 何人か います。えい画が おわって
34人が 外に 出たので、のこりが 16人に なりました。
えい画かんには はじめに 何人 いましたか。

（テープ図）

しき _____　　答え ___ 人

1 もんだい文を　読んで、テープ図を　かんせいさせましょう。 1つ25点(50点)
また、□や（　　）に　あてはまる　文字や　数字を　書きましょう。

① たぴおかが　27ひきと　ほこりが　55ひき　います。合わせて　何びき
いますか。

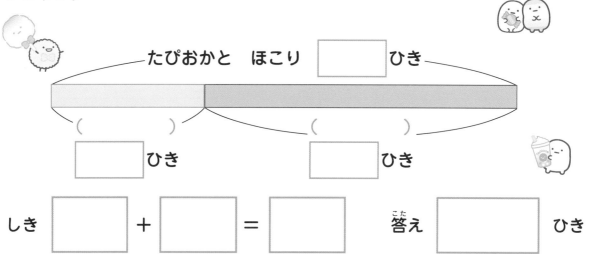

たぴおかと　ほこり　□　ひき

（　　　　）　　　　　　（　　　　）

□ ひき　　　　　　　　　□ ひき

しき □ ＋ □ ＝ □ 　　答え □ ひき

② たぴおかが　27ひき　います。ほこりは　たぴおかより　55ひき　多く
います。ほこりは　何びき　いますか。

しき □ ＋ □ ＝ □ 　　答え □ ひき

ワンポイント　しきが　同じでも　もんだい文によって
テープ図が　ちがう　ことが　あります。

2 もんだい文を 読んで、 .... に テープ図を
かいてから、しきと 答えを 書きましょう。

① おかしが いくつか あります。54こ くばったので、のこりが 23こに
なりました。おかしは はじめに いくつ ありましたか。

しき ☐   答え ☐ こ

② バスに おきゃくさんが 何人か のって います。つぎの バスていで、
6人 おりたので、おきゃくさんは 28人に なりました。おきゃくさんは
はじめに 何人 のって いましたか。

しき ☐   答え ☐ 人

7 ひき算①

① もんだい文を 読んで、□に あてはまる 数字を 書きましょう。

1つ20点（40点）

れい たぴおかが 25ひき いました。そのうち 19ひきが どこかに いって しまいました。のこって いる たぴおかは 何びきですか。

→ 19ひき

しき **25** － **19** ＝ **6**　　答え **6** ぴき

① パンやさんで パンを 35こ やきました。そのうち 26こが うれました。のこって いる パンは 何こですか。

しき 35 － 26 ＝ □　　答え □ こ

② あきらさんは 50円 出して 36円の おかしを かいました。おつりは いくらですか。

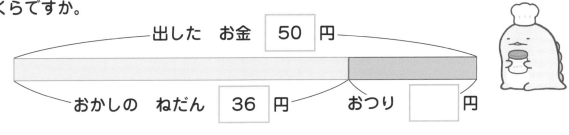

出した お金 50 円

おかしの ねだん 36 円　　おつり □ 円

しき □ － □ ＝ □　　答え □ 円

② もんだい文を　読んで、□に　あてはまる　数字を　書きましょう。

① ぜんぶで　88ページの　本が　あります。59ページまで　読みました。
のこりは　何ページですか。

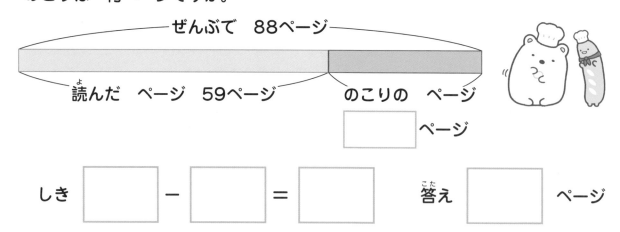

ぜんぶで　88ページ

読んだ　ページ　59ページ　　のこりの　ページ

□ ページ

しき　□ － □ ＝ □　　答え　□　ページ

② 90円を　もって　おかしやさんへ　行き　32円の　おかしを　買いました。
そのあと、文ぼうぐやさんで　42円の　けしゴムを　買いました。
のこって　いる　お金は　いくらですか。

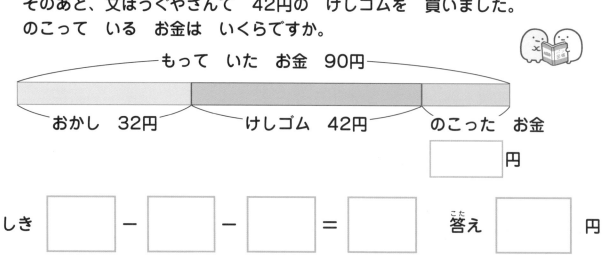

もって　いた　お金　90円

おかし　32円　　けしゴム　42円　　のこった　お金

□円

しき　□ － □ － □ ＝ □　　答え　□　円

8 ひき算②

月　日

てん
点

できたね
シール

1 もんだい文を　読んで、□に　あてはまる　数字を
書きましょう。

25点

れい　レモンが　18こ、　ももが　12こ　あります。レモンは
ももより　何こ　多いですか。

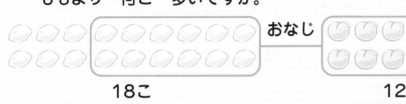

18こ

12こ

答え　レモンが

しき　| 18 | − | 12 | = | 6 |　　| 6 | こ　多い

りんごが　25こ、みかんが　18こ　あります。りんごと　みかんの　数の
ちがいは　いくつですか。

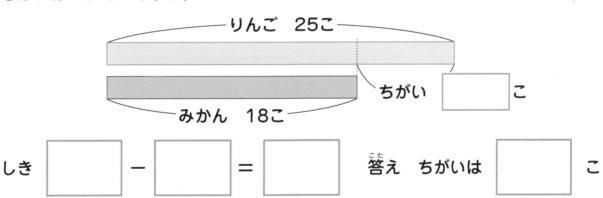

りんご　25こ

ちがい　□こ

みかん　18こ

しき　□ − □ = □　　答え　ちがいは　□こ

② もんだい文を 読んで、しきと 答えを 書きましょう。 1つ25点（75点）

① 2年1組には 男の子が 17人、女の子が 20人 います。
女の子の数は 男の子より 何人 多いですか。

しき [　　　　　　　　　　　　　]　　答え [　　] 人

② のぼるさんは 67円 もって います。お兄さんは 95円 もって います。
お兄さんは のぼるさんより いくら 多く もって いますか。

しき [　　　　　　　　　　　　　]　　答え [　　] 円

③ 算数ドリルの もんだいが 72ページまで あります。
18ページまで おわりました。のこった ページは 何ページですか。
また おわった ページと のこりの ページは どちらが 多いですか。

しき [　　　　　　　　　　　　　]

答え [　　] ページで [　　　　　　] のほうが 多い。

1 もんだい文を　読んで、□に　あてはまる　数字を
書きましょう。

`25点`

れい　食パンが　18まい　あります。あんパンは　食パンより　12こ
少ないです。あんパンは　何こ　ありますか。

12こ

しき　| 18 | - | 12 | = | 6 |　　答え | 6 | こ

パンやさんに　クリームパンが　25こ　あります。メロンパンは　クリーム
パンより　16こ　少ないです。メロンパンは　何こ　ありますか。

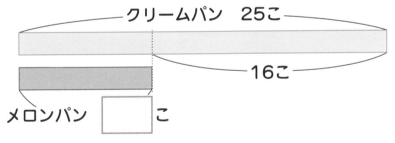

クリームパン　25こ

16こ

メロンパン　□こ

しき　□　-　□　=　□　　答え　□　こ

② もんだい文を　読んで、しきと　答えを　書きましょう。

1つ25点(75点)

① みどりさんは　なわとびを　58回　とびました。
あおいさんは　みどりさんより　29回　少なく　とびました。
あおいさんは　何回　とびましたか。

しき　[　　　　　　　　　　　　]　　　答え　[　　]回

② 1こ　90円の　メロンパンが　あります。メロンパンは　クリームパンより
32円　高いです。クリームパンは　1こ　いくらですか。

しき　[　　　　　　　　　　　　]　　　答え　[　　]円

③ ジュースが　34本　あります。ジュースは　ラムネより
17本　多くあります。ラムネは　何本　ありますか。

しき　[　　　　　　　　　　　　]　　　答え　[　　]本

10 ひき算④

月　日

点

てきたね
シール

1 もんだい文を　読んで、□に　あてはまる　数字を　書きましょう。

1つ20点（40点）

① ぜんぶで　126ページの　本が　あります。84ページまで　読みました。のこりは　何ページですか。

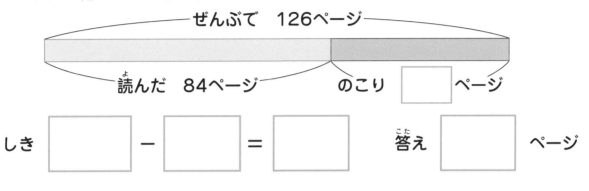

ぜんぶで　126ページ

読んだ　84ページ　　のこり　□ページ

しき　□ － □ ＝ □　　答え　□ ページ

② 青い　色紙が　121まい　あります。赤い　色紙は　青い　色紙より　54まい　少ないです。赤い　色紙は　何まい　ありますか。

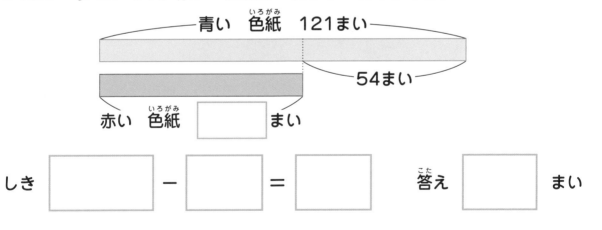

青い　色紙　121まい

54まい

赤い　色紙　□まい

しき　□ － □ ＝ □　　答え　□ まい

① 東小学校の　1年生と　2年生の　生とは　合わせて　126人です。
そのうち　2年生は　67人です。1年生の　生とは　何人ですか。

しき 　　　　　　　　　　　　　　　　　　　答え 　　　　人

② さつまいもは　1本　168円です。じゃがいもは　1こ　72円です。
どちらが　いくら　やすいですか。

しき

答え 　　　　　　　　　　のほうが 　　　　円　やすい。

③ 公園から　家までの　歩数を　数えて　みたら、340歩でした。
公園から　図書かんまでの　歩数は　94歩でした。
どちらの　歩数が　何歩　多いですか。

しき

答え　公園から 　　　　　　　　　　までの　歩数のほうが

　　　　歩　多い。

22

11 ひき算⑤

月 日

点

てきたね
シール

1 もんだい文を 読んで、□に あてはまる 数字を
書きましょう。

1つ20点（40点）

① たぴおかが 25ひき います。何びきか いなく なり、のこりが
18ぴきに なりました。いなく なった たぴおかは 何びきですか。

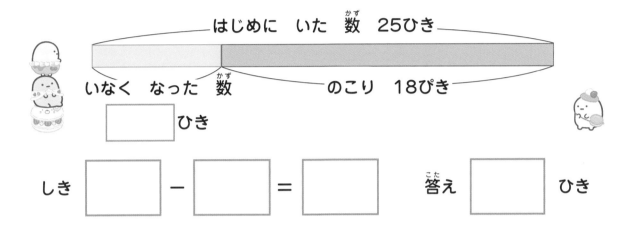

はじめに いた 数 25ひき

いなく なった 数　　　　　のこり 18ぴき

□ ひき

しき □ － □ ＝ □　　　答え □ ひき

② 友だちと 15人で あそんで いました。何人か かえったので 今は
9人で あそんで います。かえった 友だちは 何人ですか。

はじめに あそんで いた □ 人

かえった □ 人　今も あそんで いる □ 人

しき □ － □ ＝ □　　　答え □ 人

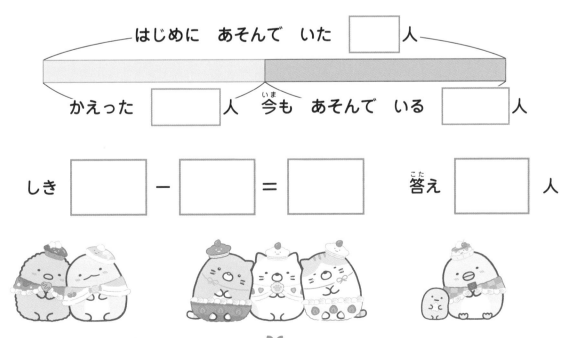

23

2 もんだい文を 読んで、┈┈┈に テープ図を
かいてから、しきと 答えを 書きましょう。

① あおいさんは おこづかいを 240円 もって いました。
お買いものを したら、のこりは 95円でした。
あおいさんは いくら お金を つかいましたか。

（テープ図）

しき _____ 答え _____ 円

② クッキーが 34まい あります。何まいか たべたら、のこりが
28まいに なりました。たべた クッキーは 何まいですか。

（テープ図）

しき _____ 答え _____ まい

月　日

てん
点

できたね
シール

1 もんだい文を　読んで、テープ図を　かんせいさせましょう。 1つ20点(40点)
また、□や　（　　）に　あてはまる　文字や　数字を　書きましょう。

① たぴおかが　27ひき　います。ほこりは　たぴおかより　7ひき　少ないです。
ほこりは　何びき　いますか。

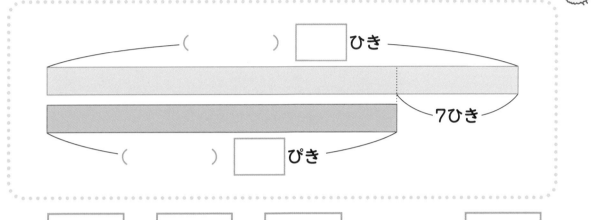

（　　　） □ひき

7ひき

（　　　） □ぴき

しき □ － □ ＝ □ 　　　答え □ ぴき

② たぴおかと　ほこりが　合わせて　27ひき　います。たぴおかが　いなく
なったら　のこりは　7ひきに　なりました。たぴおかは　何びき　いましたか。

しき □ － □ ＝ □ 　　　答え □ ぴき

ワンポイント　しきが　同じでも　もんだい文によって
テープ図が　ちがう　ことが　あります。

2 もんだい文を　読んで、░░░░に　テープ図を
かいてから、しきと　答えを　書きましょう。

① トマトは　1ふくろ　380円です。ピーマンは　1ふくろ　87円です。
どちらが　いくら　高いですか。

しき

答え 　　　　　　　　　　のほうが 　　　　　円　高い。

② 320ページの　本が　あります。はるきさんは　95ページを　読みました。
のこりは　何ページですか。

しき 　　　　　　　　　　　　　答え 　　　　　ページ

1 もんだい文を　読んで、□に　あてはまる　数字を
書きましょう。

20点

れい　下の　図のように　しろくまと　とかげと　ねこが　います。
しろくまから　ねこまでは　何m　はなれて　いますか。

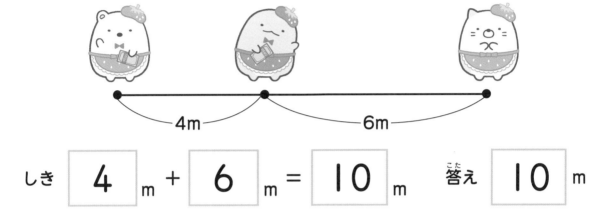

しき　$\boxed{4}$ m ＋ $\boxed{6}$ m ＝ $\boxed{10}$ m　　答え　$\boxed{10}$ m

長さ　75cmの　ひもが　あります。17cm　切ったら　のこりは　何cmですか。

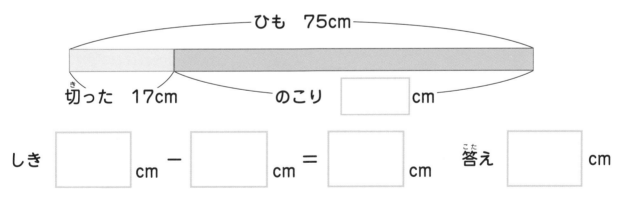

ひも　75cm

切った　17cm　　のこり　$\boxed{}$ cm

しき　$\boxed{}$ cm ー $\boxed{}$ cm ＝ $\boxed{}$ cm　　答え　$\boxed{}$ cm

② もんだい文を 読んで、しきと 答えを 書きましょう。

① たて　105mm、よこ　74mmの　紙が　あります。
　たての　長さは　よこの　長さより　何mm　長いですか。

しき
答え　　　　　　mm

② ひまりさんの　くつの　大きさは　19cmです。
　あやさんの　くつの　大きさは　21cmです。
　2人の　くつの　大きさは　何cm　ちがいますか。

しき
答え　　　　　　cm

③ 家から　学校までの　きょりは　350mです。学校から　公園までの
　きょりは　95mです。家から　学校へ　行き、それから　公園へ　行くと、
　ぜんぶで　何m　ありますか。

しき
答え　　　　　　m

④ 長さ　39cmの　だいこんを　2つに　切ったら、かたほうは　16cmでした。
　もうかたほうの　長さは　何cmですか。

しき
答え　　　　　　cm

月　日
点
できたね
シール

1 もんだい文を 読んで、しきと 答えを 書きましょう。 1つ10点(20点)

れい　下の 図のように ぺんぎん？と えびふらいのしっぽと とんかつが います。ぺんぎん？から とんかつまでは 何m何cm はなれて いますか。

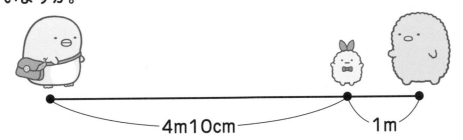

4m10cm　　　1m

しき　| 4m10cm + 1m = 5m10cm |　　答え　| 5m10cm |

① わたしの しん長は 1m22cmです。兄は わたしより 20cm せが 高いです。兄の しん長は 何m何cmですか。

しき

答え　　　m　　　cm

② あつさ 2cm5mmの 本と、あつさ 4mmの ノートが あります。 2さつを かさねると あつさは 何cm何mmに なりますか。

しき

答え　　　cm　　　mm

① まことさんの しん長は 1年で 6cm のびて 1m23cmに なりました。 まことさんの 1年前の しん長は 何m何cmですか。

しき

答え □ m □ cm

② 赤い リボン 8cm7mmと、白い リボン 5cmを つなぎます。 長さは ぜんぶで 何cm何mmに なりますか。

しき

答え □ cm □ mm

③ 高さ 1m80cmの ところから、長さ 50cmの タオルを つるします。 タオルと ゆかの 間は 何m何cm ありますか。

しき

答え □ m □ cm

④ あつさ 4cm5mmの じ書の 上に、あつさ 1cmの 本を かさねました。 あつさは 合わせて 何cm何mmですか。

しき

答え □ cm □ mm

月　日

てきたね
シール

点

1 もんだい文を　読んで、しきと　答えを　書きましょう。　20点

れい　ねこと　しろくまは　5m　はなれた　ところに　いました。
ねこが　しろくまの　ほうに　90cm　うごきました。ねこと
しろくまは　どれだけ　はなれて　いますか。

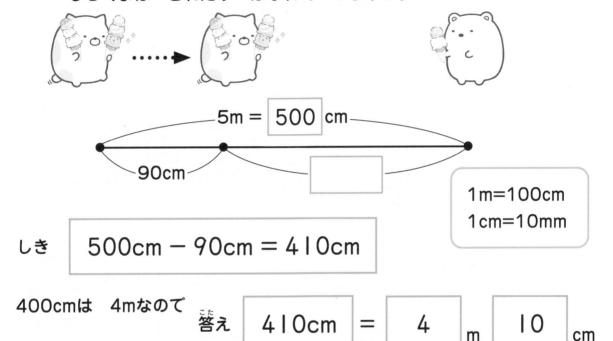

5m = 500 cm

90cm

1m=100cm
1cm=10mm

しき　500cm − 90cm = 410cm

400cmは　4mなので　　答え　410cm = 4 m 10 cm

長さ　3m35cmの　ひもが　あります。95cmの　ところで　切ると、
のこりの　長さは　どう　なりますか。

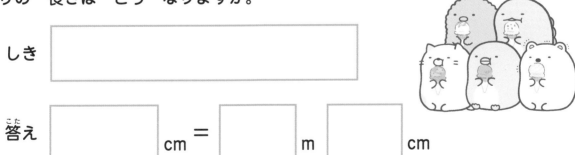

しき

答え　　　　　　cm = 　　　　　m 　　　　　cm

2 もんだい文を 読んで、しきと 答えを 書きましょう。

① しん長が 1m40cmあれば のれる ジェットコースターが あります。
かけるさんの しん長は 1m40cmに 18cm たりません。
かけるさんの しん長は 何m何cmですか。

しき ⬚　　　　　　　　　　　　　　　答え ⬚ m ⬚ cm

② たて 105mm、よこ 74mmの 紙が あります。
たての 長さと よこの 長さを たすと、何cm何mmに なりますか。

しき ⬚　　　　　　　　　　　　　　　答え ⬚ cm ⬚ mm

③ フットサルの ゴールの 高さは 2mです。
かけるさんが 手を のばしても、41cm とどきません。
かけるさんが 手を のばした 高さは 何m何cmですか。

しき ⬚　　　　　　　　　　　　　　　答え ⬚ m ⬚ cm

④ たかしさんの くつの 大きさは 19cm5mmです。
はるきさんの くつの 大きさは 21cmです。
2人の くつの 大きさを 合わせると 何cm何mmに なりますか。

しき ⬚　　　　　　　　　　　　　　　答え ⬚ cm ⬚ mm

16 かさ①

1 もんだい文を　読んで、□に　あてはまる　数字を
書きましょう。

1つ10点（20点）

れい　ポットには　1Lますで　3ばい分の　水が　入ります。ポットに
入る水の　りょうを、Lと　dLで　答えましょう。

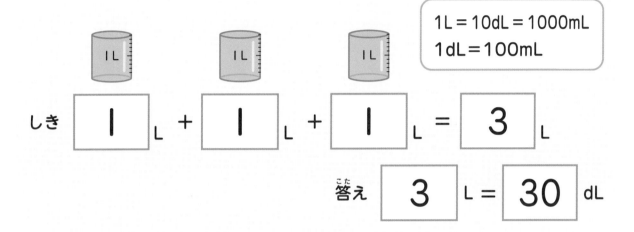

1L = 10dL = 1000mL
1dL = 100mL

しき　| 1 |L ＋| 1 |L ＋| 1 |L ＝| 3 |L

答え　| 3 |L ＝| 30 |dL

① 1dLの　ますで　2はい分の　水が　入る　コップが　あります。
この　コップには　何dLの　水が　入りますか。

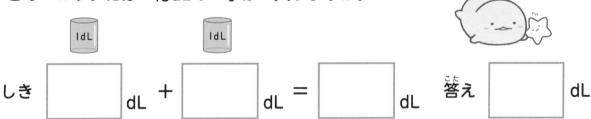

しき　□dL ＋ □dL ＝ □dL　　答え　□dL

② ペットボトルには　1dLますで　10ぱい分の　水が　入ります。
ペットボトルに　入る　水の　りょうを、dLと　Lで　答えましょう。

答え　□dL ＝ □L

33

② もんだい文を　読んで、□に　あてはまる　数字を
書きましょう。

① ペットボトルには　1dLますで　5はい分と　1Lますで　1ぱい分の　水が
入ります。ペットボトルに　入る　水の　りょうを、dLと　Lで　答えましょう。

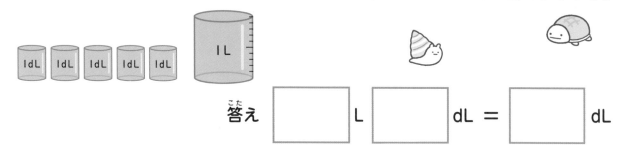

答え [　　　] L [　　　] dL = [　　　] dL

② 1L5dLの　水が　入る　やかんが　あります。この　やかんには、1dLの
ますで　何ばい分の　水が　入りますか。

答え [　　　] はい分

③ 水とうに　1Lの　水が　入って　います。この　水を　500mL　入る
ペットボトルに　うつすと、何ばい分に　なりますか。

答え [　　　] はい分

④ バケツには　1dLますで　3ばい分と　1Lますで　2はい分の　水が
入ります。バケツに　入る　水の　りょうを、dLと　Lで　答えましょう。

答え [　　　] L [　　　] dL = [　　　] dL

34

① もんだい文を 読んで、しきと 答えを 書きましょう。 1つ20点（40点）

れい 1L5dLの 水と、1Lの 水を なべに 入れました。なべには
何L何dLの 水が 入りましたか。

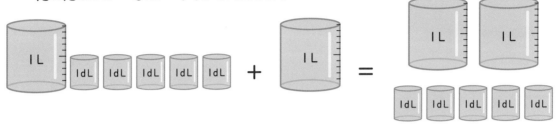

しき | 1L5dL ＋ 1L ＝ 2L5dL

答え | 2L5dL

① 2L4dL 入る ペットボトルと、1L 入る ペットボトルが あります。
2つの ペットボトルに 入る 水の りょうの さは どれだけ ありますか。

しき

答え □ L □ dL

② 1L500mLの お茶と、1Lの ジュースが あります。合わせて 何L何mL
ありますか。

しき

答え □ L □ mL

② もんだい文を 読んで、しきと 答えを 書きましょう。 1つ20点(60点)

① バケツには 2L3dLの 水が 入ります。花びんには
1L5dLの 水が 入ります。合わせて 何L何dL 入りますか。

しき

答え □ L □ dL

② 花びんに 1L8dLの 水が 入って いました。はるかさんは
水を こぼして しまったので、のこった 水は 1L4dLに なりました。
はるかさんが こぼした 水は 何dLですか。

しき

答え □ dL

③ 1L500mL入りの お茶の ペットボトルから、80mLを コップに
うつしました。ペットボトルに のこって いる お茶は
どれだけ ありますか。

しき

答え □ L □ mL = □ mL

1 もんだい文を　読んで、しきと　答えを　書きましょう。　25点

れい　1L8dLの　水と、1L6dLの　水を　バケツに　入れました。
バケツには　何L何dLの　水が　入りましたか。

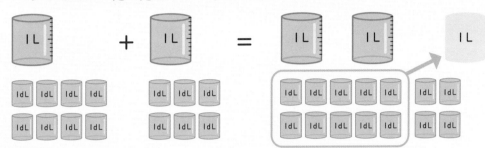

しき　| 1L8dL＋1L6dL＝2L14dL＝3L4dL |

14dLの　うちの　10dLは　1Lなので

答え　| 3L4dL |

　水そうに　水が　21L　入って　いました。バケツを　つかって
2L6dLの　水を　外に　出しました。水そうに　のこって　いる　水は
何L何dLですか。

しき　| |

答え　| |dL

| |L| |dL

れい　1L入りの　ペットボトルから、
ジュースを　200mL　のみました。
のこってる　ジュースは　何mLですか。

1L = 100mL×10

1L＝1000mLなので

しき　$1000mL - 200mL = 800mL$　　答え　$800mL$

お花に　朝は　500mLの、夕方には　700mLの　水をやりました。合わせて
何mLの　水を　やりましたか。　また、それは　何L何mLですか。

しき　　　　　　　　　　　　　　　　答え　　　　　　　mL

　　　　　　　　　　　　　　　　　　　　L　　　　　　mL

3 もんだい文を　読んで、しきと　答えを　書きましょう。 ［50点］

ペットボトルには　1L5dLの　水が　入ります。水とうには
8dLの水が　入ります。どちらのほうが　何dL　多く　入りますか。

しき

答え　　　　　　　　　のほうが　　　　　dL　多く　入る。

38

ふくしゅうドリル③

1 もんだい文を 読んで、しきと 答えを書きましょう。

1つ10点（40点）

① はるきさんの くつの 大きさは 21cmです。たけしさんの くつの 大きさは 19cmです。2人の くつの 大きさは 何cm ちがいますか。

しき ☐　　　　答え ☐ cm

② 家から 図書かんまでの きょりは 500mです。図書かんから 学校までの きょりは 200mです。家から 図書かんへ 行き、それから 学校へ 行くと して、ぜんぶで 何m ありますか。

しき ☐　　　　答え ☐ m

③ 水とうに 1L3dLの 水が 入って いました。あおいさんは 水を こぼして しまい、のこった 水は 1L1dLに なりました。あおいさんが こぼした 水の りょうは 何dLですか。

しき ☐　　　　答え ☐ dL

④ ペットボトルには 1L500mLの 水が 入ります。コップには 300mLの 水が 入ります。合わせて 何L何mL 入りますか。

しき ☐

答え ☐ L ☐ mL

❷ もんだい文を　読んで、しきと　答えを　書きましょう。　1つ20点(60点)

① とかげと　しろくまは　11m　はなれた　ところに　いました。とかげが　しろくまとは　はんたいの　ほうに　3m60cm　うごきました。とかげと　しろくまは　どれだけ　はなれて　いますか。

しき

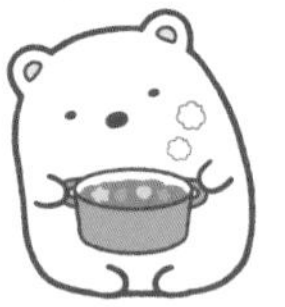

答え　　m　　cm

② 2L4dLの　水と、1L8dLの　水を　バケツに　入れました。バケツには　何L何dLの　水が　入りましたか。

しき

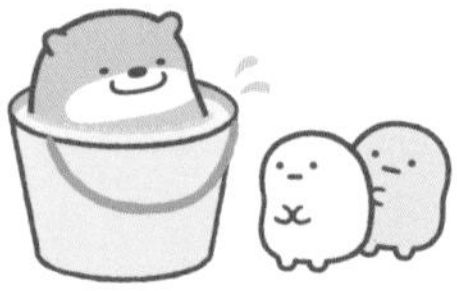

答え　　L　　dL

③ 19cm6mmの　青いテープと、6cm5mmの　白い　テープを　つないだ長さは　何cm何mmですか。

しき

答え　　cm　　mm

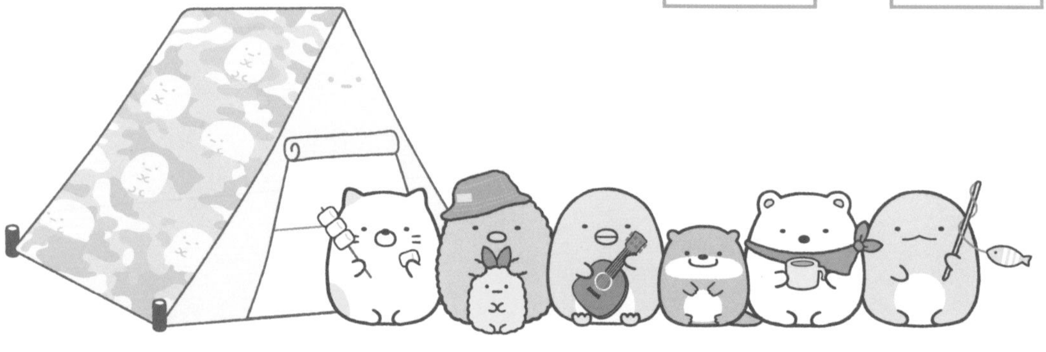

月　日

点

できたね
シール

1 もんだい文を　読んで、□に　答えを　書きましょう。

1つ20点（40点）

れい　えびふらいのしっぽは　おかいものを　するために、午前8時に
家を　出て、午前8時15分に　スーパーに　つきました。家を
出てから　スーパーに　つくまでに　かかった　時間は　何分ですか。

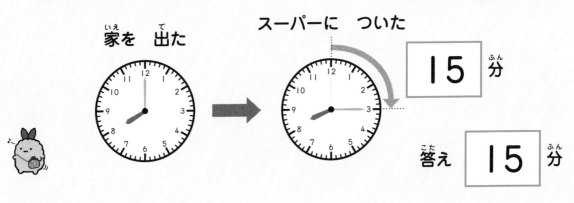

家を　出た

スーパーに　ついた

15 分

答え　15 分

① 西小学校の　お昼休みは　午後1時に　はじまって、午後1時20分に　おわり
ます。お昼休みの　時間は　何分ですか。

答え　　　　分

② あおいさんは、午後6時から　午後8時まで　べん強を　しました。べん強を
した　時間は　何時間ですか。

答え　　　　時間

① バレーボールの し合が、午後2時に はじまって、午後2時48分に おわりました。し合が はじまってから おわるまでの 時間は 何分ですか。

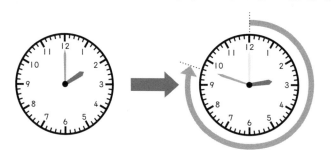

答え ☐ 分

② 西小学校の そうじの 時間は 午後1時20分に はじまって、午後1時40分に おわります。そうじの 時間は 何分ですか。

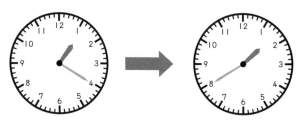

答え ☐ 分

③ えい画が 午後6時に はじまって、午後7時30分に おわります。えい画が はじまってから おわるまでの 時間は 何時間何分ですか。

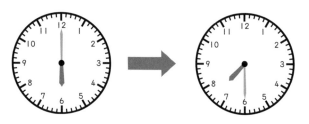

答え ☐ 時間 ☐ 分

月　日

点

できたね
シール

1 もんだい文を　読んで、□に　答えを書きましょう。

1つ10点(20点)

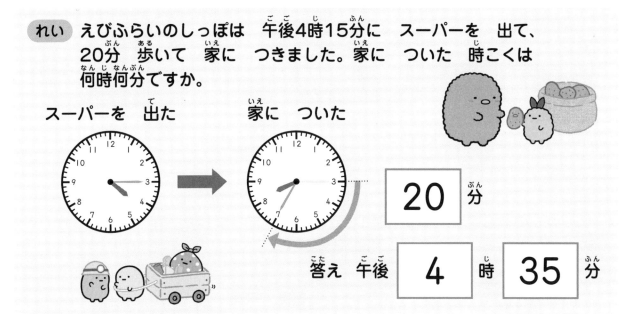

れい えびふらいのしっぽは　午後4時15分に　スーパーを　出て、
20分　歩いて　家に　つきました。家に　ついた　時こくは
何時何分ですか。

スーパーを　出た　　　家に　ついた

20 分

答え　午後　**4** 時　**35** 分

① 東小学校の　お昼休みは　午後1時から、25分　あります。お昼休みが
おわる　時こくは　何時何分ですか。

答え　午後　□ 時　□ 分

② 午後2時30分から　2時間の　テレビ番組が　ほうそうされます。
テレビ番組が　おわる　時こくは　何時何分ですか。

答え　午後　□ 時　□ 分

② もんだい文を 読んで、□に 答えを 書きましょう。

1つ20点(80点)

① ねこは 午前6時15分から 15分間 さん歩を しました。
さん歩が おわる 時こくは 何時何分ですか。

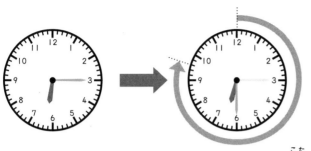

答え 午前 □ 時 □ 分

② サッカーの し合が 午後2時10分に はじまりました。前半は 45分です。
前半が おわる 時こくは 何時何分ですか。

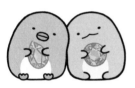

答え 午後 □ 時 □ 分

③ しろくまは 午後1時から、2時間10分 お昼ねを しました。おきた時こくは
何時何分ですか。

答え 午後 □ 時 □ 分

④ とんかつは 午後5時5分から 35分 べん強を しました。べん強が
おわった 時こくは 何時何分ですか。

答え 午後 □ 時 □ 分

1 もんだい文を　読んで、□に　答えを　書きましょう。　20点

れい　はるなさんは　学校から　20分　歩いて　家に　つきました。
家に　ついた　ときに　時計を　見たら　午後4時50分でした。
学校を　出た　時こくは　何時何分ですか。

学校を　出た　　　家に　ついた

20 分　　　答え　午後　**4** 時　**30** 分

北小学校の　昼休みは　25分　あります。昼休みが　おわる　時こくは
午後1時45分です。昼休みが　はじまる　時こくは　何時何分ですか。
左がわの　時計に　はりを　かき入れて、□に　数字を　書きましょう。

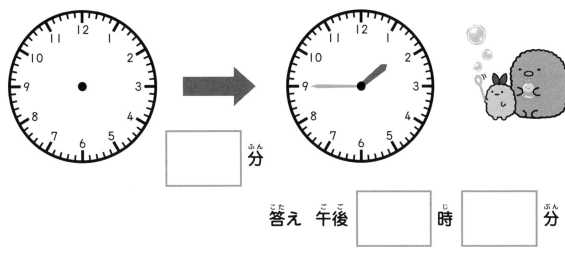

□分

答え　午後　□時　□分

② もんだい文を 読んで、□に 答えを 書きましょう。

① あおいさんは 45分 ピアノの れんしゅうを しました。
れんしゅうが おわった 時こくは 午後5時50分です。
れんしゅうを はじめた 時こくは 何時何分ですか。

答え 午後 □ 時 □ 分

② みどりさんは えい画を 2時間 見ました。
えい画が おわったのは午後5時30分です。
えい画が はじまった 時こくは 何時何分ですか。

答え 午後 □ 時 □ 分

③ 家から 公園までは 15分 かかります。
午後3時に 公園に つくためには、家を 何時に 出れば よいですか。

答え 午後 □ 時 □ 分

④ たけしさんは 学校から 家まで 25分 かかります。
家に ついた ときの 時こくは 午後5時でした。
学校を 出た 時こくは 何時ですか。

答え 午後 □ 時 □ 分

1 もんだい文を　読んで、□に　答えを　書きましょう。 1つ10点（20点）

れい　はるなさんは　算数ドリルを　25分　やった　あと、かん字ドリルを
20分　やりました。合わせて　何分　べん強しましたか。

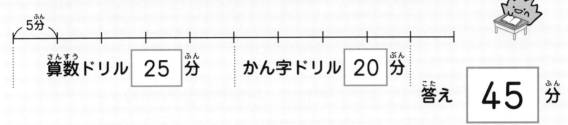

5分

算数ドリル [25] 分　　かん字ドリル [20] 分

答え [45] 分

① まことさんは　午前11時から　午後1時10分まで　お昼ねを　しました。
お昼ねを　した　時間は、何時間何分ですか。

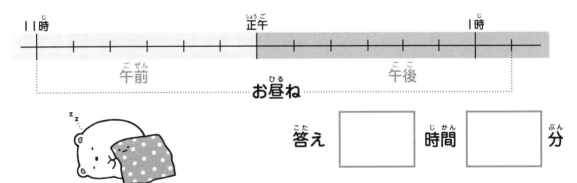

11時　　　　正午　　　　1時

午前　　　　午後

お昼ね

答え [　] 時間 [　] 分

② みどりさんは　ピアノの　れんしゅうを　45分　してから、
30分　算数ドリルを　しました。ピアノの　れんしゅうと　算数ドリルを
やった　時間は　合わせて　何分ですか。また、それは　何時間何分ですか。

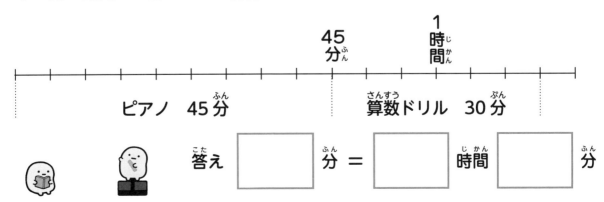

45
分

1
時
間

ピアノ　45分　　　算数ドリル　30分

答え [　] 分 ＝ [　] 時間 [　] 分

② もんだい文を 読んで、□に 答えを 書きましょう。

① おばけは 30分 へやの そうじを しました。そうじが おわったのは
午後1時15分です。そうじを はじめたのは 何時何分ですか。午前か
午後かも 答えましょう。

答え 　　　　　　　　　　時　　　　　分

② ねこは きのう 35分 本を 読みました。
今日は 50分 本を 読みました。本を 読んだ 時間は
合わせて 何分ですか。また、それは 何時間何分ですか。

答え □ 分 ＝ □ 時間 □ 分

③ とかげは 学校から 25分 歩いて 家に つきました。
家に ついた ときに 時計を 見たら 午後12時10分でした。
学校を 出た 時こくは 何時何分ですか。午前か 午後かも 答えましょう。

答え 　　　　　　　　　　時　　　　　分

④ サッカーの し合が 午前11時30分に はじまりました。前半が 45分
行われて、10分 休けいしてから 後半が はじまりました。後半が
はじまったのは 何時何分ですか。午前か 午後かも 答えましょう。

答え 　　　　　　　　　　時　　　　　分

1 もんだい文を　読んで、□に　答えを　書きましょう。　`1つ10点（40点）`

① みどりさんは　午後4時30分から　午後5時10分まで　しゅくだいを
やりました。しゅくだいを　やった　時間は　何分ですか。

答え　□ 分

② まことさんは　午前6時15分から　35分　しゅう字の　れんしゅうを
しました。しゅう字の　れんしゅうが　おわる　時こくは　何時何分ですか。

答え　午前　□ 時　□ 分

③ あおいさんが　えきに　ついた　とき、時こくは　午後4時15分でした。
でん車は　25分前に　出ぱつしました。でん車が　出ぱつした　時こくは
何時何分ですか。

答え　午後　□ 時　□ 分

④ はるかさんは　30分　本を　読んでから、20分　べん強を　しました。本を
読んだ　時間と　べん強を　した　時間を　合わせると　何分ですか。

答え　□ 分

❷ もんだい文を 読んで、□に 答えを 書きましょう。 1つ15点（60点）

① あきらさんは 友だちと 1時間20分 あそんでから、45分 本を
読みました。あそんだ 時間と 本を 読んだ 時間を 合わせると
何時間何分ですか。

答え □ 時間 □ 分

② たけしさんは てん車に 35分 のって、えきに ついた ときの 時こくは
午後12時20分でした。たけしさんが てん車に のった 時こくは
何時何分ですか。午前か 午後かも 答えましょう。

答え □ 時 分

③ バスが 15分 おくれて 午後12時5分に バスていに つきました。
バスが つくはずだった 時こくは 何時何分ですか。午前か 午後かも
答えましょう。

答え □ 時 分

④ はるなさんは 35分 かん字の れんしゅうを してから、55分 テレビを
見ました。かん字の れんしゅうを した時間と テレビを 見た 時間は
合わせて 何分ですか。また、それは 何時間何分ですか。

答え □ 分 = □ 時間 □ 分

月　日

点

1 もんだい文を　読んで、□に　あてはまる　数字を
書きましょう。

1つ10点（20点）

れい　コップ1ぱいの　中に　たぴおかが　4ひきずつ　入って　います。
たぴおかの　入った　コップが　5こ　あります。
たぴおかは　ぜんぶで　何びき　いますか。

しき　　4 × 5 = 20　　答え　20　ぴき

① りんごが　1さらに　2こずつ　のって　います。りんごの　のった　さらは
4さら　あります。りんごは　ぜんぶで　何こ　ありますか。

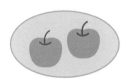   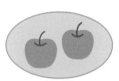

しき　　2　×　4　=　　　　　答え　　　　　こ

② 子どもが　花を　4本ずつ　もって　います。花を　もった　子どもは　3人
います。花は　ぜんぶで　何本　ありますか。

しき　　　　×　　　　=　　　　　答え　　　　　本

② もんだい文を 読んで、□に あてはまる 数字を 書きましょう。

1つ20点（80点）

① 日直が 1クラスに 2人ずつ います。西小学校の 2年生は 3クラス あります。西小学校の 2年生の 日直は ぜんぶで 何人 いますか。

しき □ × □ = □ 答え □ 人

② 5人ずつ のれる のりものが 4台 あります。 のりものには ぜんぶで 何人が のれますか。

しき □ × □ = □ 答え □ 人

③ えんぴつを 5人の 子どもに 3本ずつ、 くばりました。 えんぴつを ぜんぶで 何本 くばりましたか。

しき □ × □ = □ 答え □ 本

④ おさらが 6まい あります。いちごを 1さらに 4こずつ のせるには、 いちごは ぜんぶで 何こ いりますか。

しき □ × □ = □ 答え □ こ

かけ算②

1 もんだい文を　読んで、□に　あてはまる　数字を
書きましょう。

① クッキーが　1さらに　6まいずつ　のって　います。クッキーの　のった
さらは　5さら　あります。クッキーは　ぜんぶで　何まい　ありますか。

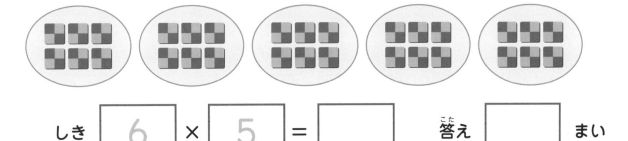

しき　[6] × [5] = [　] 　答え [　] まい

② 1週間は　7日です。5週間は　何日ですか。

しき　[　] × [　] = [　] 　答え [　] 日

❷ もんだい文を 読んで、□に あてはまる 数字を 書きましょう。

① 野きゅうは 9人で 1チームです。野きゅうの チームが 4チーム あります。ぜんぶで 何人 いますか。

しき □ × □ = □　　答え □ 人

② 7人ずつ すわれる ベンチが 8れつ あります。ベンチには ぜんぶで 何人が すわれますか。

しき □ × □ = □　　答え □ 人

③ 花を 6人に 8本ずつ くばりました。花を ぜんぶで 何本 くばりましたか。

しき □ × □ = □　　答え □ 本

④ トマトの 入った はこが 6はこ あります。トマトは 1はこに 5こずつ 入って います。トマトは ぜんぶで 何こ ありますか。

しき □ × □ = □　　答え □ こ

1 もんだい文を　読んで、しきと　答えを　書きましょう。 1つ20点（40点）

れい　下の　図のように　とかげと　えびふらいのしっぽと　とんかつと
ねこが　います。とかげから　ねこまでは　何m　はなれて　いますか。

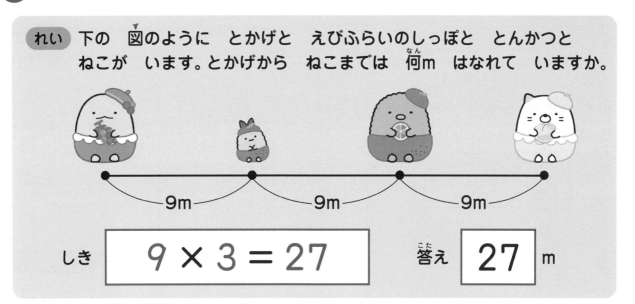

しき　$9 \times 3 = 27$　　答え　**27** m

① 6Lの　水が　入る　バケツが　8こ　あります。ぜんぶの　バケツに　水を
いっぱいに　入れると、水の　りょうは　何Lですか。

しき 　　　　　　　　　　　　　　　答え 　　　　　L

② あつさ　3cmの　本を　9さつ　かさねました。あつさは　ぜんぶで
何cmですか。

しき 　　　　　　　　　　　　　　　答え 　　　　　cm

❷ もんだい文を 読んで、しきと 答えを 書きましょう。 1つ20点（40点）

① 長さ 9mmの テープを 8まい つなげました。テープの 長さは ぜんぶで 何mmですか。

しき [　　　　　　　　　　　　　]　　　　答え [　　] mm

② 小さじ 1ぱいは 5mLです。小さじ 4はいの しょうゆを りょうりに つかいました。つかった しょうゆは ぜんぶで 何mLですか。

しき [　　　　　　　　　　　　　]　　　　答え [　　] mL

❸ もんだい文を 読んで、□に 答えを 書きましょう。 20点

とかげと ねこは 6m はなれた ところに います。しろくまと とんかつは その 4ばい はなれて います。しろくまと とんかつは 何m はなれて いますか。

6m

6m　6m　6m　6m

[　　] m

答え [　　] m

1 もんだい文を　読んで、しきと　答えを　書きましょう。 `1つ20点（40点）`

れい　トマトが　6こ　入る　はこが　5はこと、トマトが　8こ　入る
　　　はこが　4はこ　あります。トマトは　ぜんぶで　何こ　入りますか。

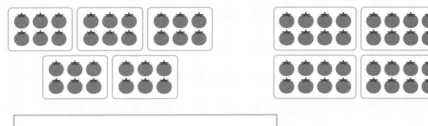

しき
$$6 × 5 = 30$$
$$8 × 4 = 32$$
$$30 + 32 = 62$$

答え　**62**　こ

① はるきさんは　きのう　ドリルを　4ページ　すすめました。今日は　きのうの
　2ばい　すすめました。きのうと　今日で　何ページ　すすめましたか。

しき

答え　　　　　ページ

② 2Lの　水が　入る　ペットボトルが　3本と、6Lの　水が　入る　バケツが
　2つ　あります。水は　どちらの　方が　何L　多く　入りますか。

しき

答え　　　　　のほうが

　　　　　L　多く　入る。

② もんだい文を 読んで、しきと 答えを 書きましょう。

① みどりさんは、ドリルの もんだいを とくのに 6分 かかりました。
あおいさんは みどりさんの 3ばいの 時間が かかりました。
みどりさんは あおいさんより 何分 早く とけましたか。

しき

答え 　　　　　　 分

② 2年1組の ぜんいんで 7人の グループを 3つと、
6人の グループを 2つ つくりました。2年1組は ぜんぶで 何人ですか。

しき

答え 　　　　　　 人

③ 9cmの テープ 6本と、7cmの テープ 8本が あります。
それぞれの テープを つなぐと、長さは どちらが 何cm 長いですか。

しき

答え 　　　　　　 の テープの

ほうが 　　　　　　 cm 長い。

1 もんだい文を　読んで、しきと　答えを　書きましょう。 1つ20点(60点)

① バスケットボールは　1回の　ゴールで　2点　入ります。まことさんは
　し合で　8回　ゴールを　しました。まことさんは　何点　入れましたか。

しき 　　　　　　　　　　　　　　　　　 答え 　　　　　　　点

② クッキーが　7さら　あります。1さらに　8こずつ　のせると　クッキーは
　ぜんぶで　何こ　ありますか。

しき 　　　　　　　　　　　　　　　　　 答え 　　　　　　　こ

③ 高さ　3mの　たてものが　あります。となりの　ビルの　高さは　その
　5ばいです。となりの　ビルの　高さは　何mですか

しき 　　　　　　　　　　　　　　　　　 答え 　　　　　　　m

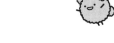

① りんごが 2こ、みかんが 6こ のった おさらが 6さら あります。

㋐ りんごは 何こ ありますか。

しき [　　　　　　　　　　]　　　　答え [　　　　] こ

㋑ みかんは 何こ ありますか。

しき [　　　　　　　　　　]　　　　答え [　　　　] こ

㋒ りんごと みかんは どちらが どれだけ 多いですか。

しき [　　　　　　　　　　]

答え [　　　　] が [　　　　] 多い。

② 8Lの 水が 入る バケツが あります。その バケツに 2Lの 水を 3回 入れました。

㋐ 入れた 水の りょうは 何Lですか。

しき [　　　　　　　　　　]　　　　答え [　　　　] L

㋑ バケツには あと 何Lの 水が 入りますか。

しき [　　　　　　　　　　]　　　　答え [　　　　] L

月 日
点
てきたね シール

1 もんだい文を 読んで、□に あてはまる 数字を 書きましょう。

1つ20点（40点）

① クッキーが 何まいか あります。18まい くばったので のこりが 15まいに なりました。クッキーは はじめに 何まい ありましたか。

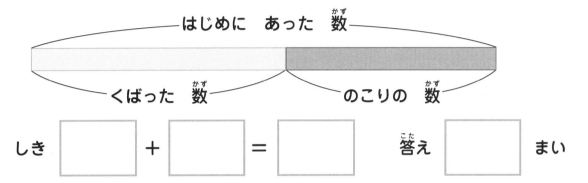

はじめに あった 数
くばった 数　のこりの 数

しき □ ＋ □ ＝ □　答え □ まい

② いちご 1パックで 380円です。みかん 1ふくろは いちご 1パックより 70円 高いです。みかん 1ふくろの ねだんは 何円ですか。

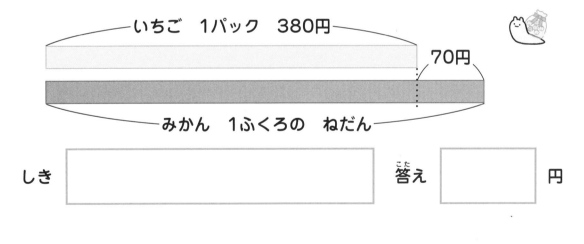

いちご 1パック 380円
70円
みかん 1ふくろの ねだん

しき □　答え □ 円

2 もんだい文を 読んで、しきと 答えを 書きましょう。

① 本やさんで　435円の　本を　買い、文ぼうぐやさんで　84円の　えんぴつを　買いました。ぜんぶで　いくらに　なりますか。

しき 　　　　　　　　　　　　　　　　　　　　答え 　　　　　　　円

② はるかさんは　きのうまでに　本を　174ページ　読みました。今日は　38ページ　読みました。ぜんぶで　何ページ　読みましたか。

しき 　　　　　　　　　　　　　　　　　　　　答え 　　　　　　　ページ

③ おかしやさんで　90円の　チョコレートを　2つと、48円の　グミを　買いました。だい金は　ぜんぶで　いくらに　なりますか。

しき

答え 　　　　　　　円

31

まとめの テスト②
ひき算

1 もんだい文を　読んで、□に　あてはまる　数字を
書きましょう。

① 1年は　365日です。3月までに　90日が　すぎました。のこりの　日数は
何日ですか。

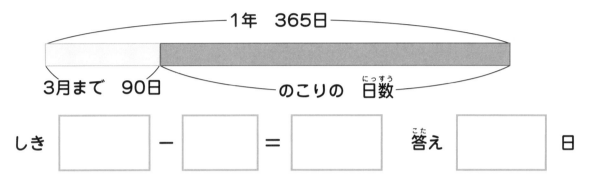

1年　365日

3月まで　90日　　　のこりの　日数

しき [　　] − [　　] = [　　]　　答え [　　] 日

② 算数の　教科書は　144ページ　あります。算数の　ドリルは　教科書より
56ページ　少ないです。算数の　ドリルは　何ページ　ありますか。

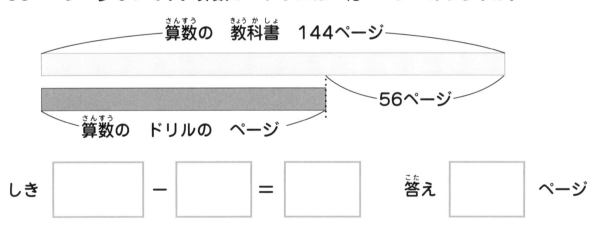

算数の　教科書　144ページ

56ページ

算数の　ドリルの　ページ

しき [　　] − [　　] = [　　]　　答え [　　] ページ

② もんだい文を 読んで、しきと 答えを 書きましょう。

① 本やさんで 1000円を 出して 800円の 本を 買いました。おつりは
何円ですか。

しき ☐   答え ☐ 円

② 1こ 138円の クロワッサンが あります。クロワッサンは あんパンより
32円 高いです。あんパンは 1こ いくらですか。

しき ☐   答え ☐ 円

③ ただしさんは 本を、149ページまで 読みました。まことさんは 同じ
本を 88ページまで 読んで います。どちらのほうが 何ページ 多く
読んで いますか。

しき ☐

答え ☐ さんのほうが ☐ ページ 多く 読んだ。

32

まとめの テスト③
たし算と ひき算

1 もんだい文を 読んで、しきと 答えを 書きましょう。　1つ10点（30点）

① あおいさんは　340円の　本を　買いたかったのに　55円　たりなくて
買えませんでした。あおいさんが　もって　いたのは　何円ですか。

しき　□　　　　　　　答え　□　円

② でん車に　おきゃくさんが　66人　のって　いました。つぎの　えきで
15人　おりて、9人　のりました。でん車に　のって　いる　おきゃくさんは
何人　いますか。

しき　□　　　　　　　答え　□　人

③ あおいさんは　なわとびを　26回　とびました。はるかさんは　あおいさん
より　15回　多く　とびました。はるかさんは　なわとびを　何回
とびましたか。

しき　□　　　　　　　答え　□　回

① シュークリームは 1こ 188円です。どらやきは 1こ 99円です。
どちらが いくら 高いですか。

（テープ図）

しき

答え ［　　　　　］ のほうが ［　　　　］ 円 高い。

② 電車に おきゃくさんが 何人か のって います。つぎの えきで、13人
おりたので、おきゃくさんは 18人に なりました。おきゃくさんは
はじめに 何人 のって いましたか。

（テープ図）

しき ［　　　　　　　　　　］ 答え ［　　　］ 人

1 もんだい文を 読んで、しきと 答えを 書きましょう。 `1つ10点（30点）`

① バスケットボールの ゴールの 高さは 305cmです。ミニバスケットボールの ゴールの 高さは それより 45cm ひくいです。ミニバスケットボールの ゴールの 高さは 何cmですか。

しき ［　　　　　　　　　　　　　］　答え ［　　　　］ cm

② 水とうに 1L7dLの 水が 入って いました。まことさんは 水を こぼして しまい、のこった 水は 1L2dLに なりました。まことさんが こぼした 水の りょうは 何dLですか。

しき ［　　　　　　　　　　　　　］　答え ［　　　　］ dL

③ やかんには 1L200mLの 水が 入ります。コップには 300mLの 水が 入ります。合わせて 何L何mL 入りますか。

しき ［　　　　　　　　　　　　　］

答え ［　　　　］ L ［　　　　］ mL

② もんだい文を　読んで、しきと　答えを　書きましょう。

① 3L8dLの　水と、4dLの　水を　バケツに　入れました。バケツには
何L何dLの　水が　入りましたか。

しき [　　　　　　　　　　　　　　　] 答え [　　] L [　　] dL

② 長さ　28cm4mmの　テープと、9cmの　テープを　つないだ　長さは
どう　なりますか。

しき [　　　　　　　　　　　　　　　] 答え [　　] cm [　　] mm

③ 1L700mL入りの　お茶の　ペットボトルを　あけて、みんなで　900mLを
のみました。のこって　いる　お茶は　どれだけ　ありますか。

しき [　　　　　　　　　　　　　　　] 答え [　　　　] mL

③ もんだい文を　読んで、しきと　答えを　書きましょう。

　ねこと　とんかつは　90cm　はなれた　ところに　います。ねこが
とんかつとは　はんたいの　ほうに　5m40cm　うごきました。ねこと
とんかつは　どれだけ　はなれて　いますか。

しき [　　　　　　　　　　　　　　　　　　　　　　　　]

答え [　　　　] cm = [　　　　] m [　　　　] cm

1 もんだい文（ぶん）を 読（よ）んで、□に 答（こた）えを 書（か）きましょう。 | 1つ15点（てん）（60点（てん））

① かけるさんは 午後（ごご）3時（じ）30分（ぷん）から 午後（ごご）5時（じ）20分（ぷん）まで サッカーの
れんしゅうを しました。サッカーの れんしゅうを した 時間（じかん）は
何分（なんぷん）ですか。また、それは 何時間何分（なんじかんなんぷん）ですか。

答（こた）え □ 分（ぷん） = □ 時間（じかん） □ 分（ぷん）

② はるきさんは 午前（ごぜん）6時（じ）25分（ふん）から 15分（ふん） 犬（いぬ）の さん歩（ぽ）を しました。犬（いぬ）の
さん歩（ぽ）が おわる 時（じ）こくは 何時何分（なんじなんぷん）ですか。

答（こた）え 午前（ごぜん） □ 時（じ） □ 分（ぷん）

③ まゆさんが 家（いえ）に 帰（かえ）った とき、時（じ）こくは 午後（ごご）4時（じ）45分（ふん）でした。妹（いもうと）は
20分前（ぷんまえ）に 家（いえ）に 帰（かえ）りました。妹（いもうと）が 家（いえ）に 帰（かえ）った 時（じ）こくは 何時何分（なんじなんぷん）
ですか。

答（こた）え 午後（ごご） □ 時（じ） □ 分（ぷん）

④ みどりさんは 40分（ぷん） テレビを 見（み）てから、40分（ぷん） べん強（きょう）を しました。
テレビを 見（み）た 時間（じかん）と べん強（きょう）を した 時間（じかん）を 合（あ）わせると 何分（なんぷん）ですか。
また、それは それは 何時間何分（なんじかんなんぷん）ですか。

答（こた）え □ 分（ぷん） = □ 時間（じかん） □ 分（ぷん）

② もんだい文を 読んで、□に 答えを 書きましょう。

① 西小学校では 4時間目が おわる 時こくは 午後12時30分です。
4時間目の じゅぎょうの 時間は 45分です。4時間目が はじまる時こくは
何時何分ですか。午前か 午後かも 答えましょう。

答え 　　　　　　　　時 　　　分

② まことさんは やくそくに 2時間 おくれて、午後12時10分に 公園に
つきました。やくそくの 時こくは 何時何分ですか。午前か 午後かも
答えましょう。

答え 　　　　　　　　時 　　　分

35 まとめの テスト⑥
かけ算

月　日

てん
点

できたね
シール

1 もんだい文を　読んで、しきと　答えを　書きましょう。　`1つ10点（40点）`

① えんぴつを　4本ずつ、9人に　くばりました。ぜんぶで　何本　えんぴつを
くばりましたか。

しき ☐　　　　　答え ☐ 本

② いちごの　のった　さらが　7さら　あります。1さらに　6こずつ　のせると、
いちごは　ぜんぶで　何こ　いりますか。

しき ☐　　　　　答え ☐ こ

③ 教室の　天じょうの　高さは　3mです。体いくかんの　天じょうの　高さは
教室の　4ばい　あります。体いくかんの　天じょうの　高さは　何mですか。

しき ☐　　　　　答え ☐ m

④ 小さじ　1ぱいは　5mLです。大さじは　小さじの　3ばいの　りょうが
入ります。大さじ　1ぱいは　何mLですか。

しき ☐　　　　　答え ☐ mL

② もんだい文を 読んで、しきと 答えを 書きましょう。

① 赤えんぴつが 5本、青えんぴつが 3本 入った はこが 7はこ あります。

㋐ 赤えんぴつは 何本 ありますか。

しき □　　　　　　　　　　　　　　　答え □ 本

㋑ 青えんぴつは 何本 ありますか。

しき □　　　　　　　　　　　　　　　答え □ 本

㋒ 赤えんぴつと 青えんぴつは どちらが どれだけ 多いですか。

しき □

答え □ が □ 本 多い。

② 20Lの 水が 入る バケツが あります。その バケツに 3Lの 水を 6回 入れました。

㋐ 入れた 水の りょうは 何Lですか。

しき □　　　　　　　　　　　　　　　答え □ L

㋑ バケツには あと 何Lの 水が 入りますか。

しき □　　　　　　　　　　　　　　　答え □ L

答え合わせ

1 **たし算①**　（3・4ページ）

1 ① （しき）14＋11＝25　（答え）25本

※式のこの部分は省略してもかまいません。
学校で習ったやり方に合わせてください。

② （しき）18＋15＝33　（答え）33本

2 ①
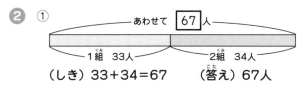
（しき）33＋34＝67　（答え）67人

②
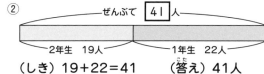
（しき）32＋22＋42＝96　（答え）96円

2 **たし算②**　（5・6ページ）

1 ① （しき）55＋32＝87　（答え）87円

②
（しき）19＋22＝41　（答え）41人

2 ① （しき）39＋22＝61　（答え）61ページ

② （しき）18＋23＝41　（答え）41こ

③ （しき）15＋6＋5＝26　（答え）26人

3 **たし算③**　（7・8ページ）

1
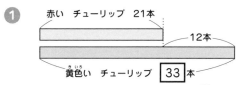
（しき）21＋12＝33　（答え）33本

2 ① （しき）18＋2＝20　（答え）20人

② （しき）78＋15＝93　（答え）93円

③ （しき）36＋26＝62　（答え）62回

4 **たし算④**　（9・10ページ）

1 ①
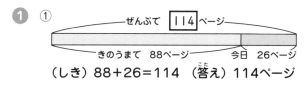
（しき）88＋26＝114　（答え）114ページ

②
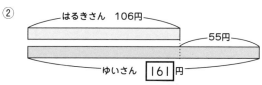
（しき）106＋55＝161　（答え）161円

2 ① （しき）68＋70＝138　（答え）138人

② （しき）115＋22＝137　（答え）137まい

※「テープ図」は問題文の中の数量の関係を線分を
使って表したもの。図式化することで、文章に書か
れていることが整理でき、問題を解く手がかりにな
ります。これから先、複雑な問題や割合などの学習
にも役立つので、簡単な問題で練習するとよいで
しょう。

1 ①
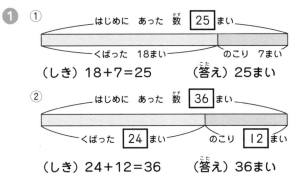

はじめに あった 数 25 まい
くばった 18 まい　　のこり 7 まい

（しき）18＋7＝25　　（答え）25まい

②
はじめに あった 数 36 まい
くばった 24 まい　　のこり 12 まい

（しき）24＋12＝36　　（答え）36まい

2 ①
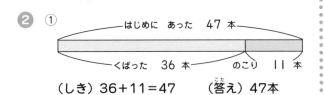

はじめに あった 47 本
くばった 36 本　　のこり 11 本

（しき）36＋11＝47　　（答え）47本

②
はじめに いた 50 人
外に 出た 34 人　　のこり 16 人

（しき）34＋16＝50　　（答え）50人

1 ①
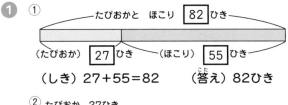

たぴおかと ほこり 82 ひき
（たぴおか）27 ひき　（ほこり）55 ひき

（しき）27＋55＝82　　（答え）82ひき

②
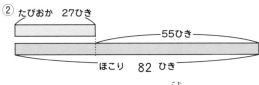

たぴおか 27ひき
55ひき
ほこり 82 ひき

（しき）27＋55＝82　　（答え）82ひき

2 ①
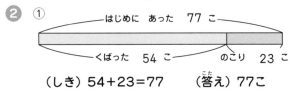

はじめに あった 77 こ
くばった 54 こ　　のこり 23 こ

（しき）54＋23＝77　　（答え）77こ

②
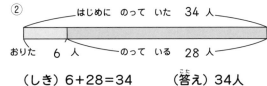

はじめに のって いた 34 人
おりた 6 人　　のって いる 28 人

（しき）6＋28＝34　　（答え）34人

1 ①（しき）35－26＝9　　（答え）9こ

②
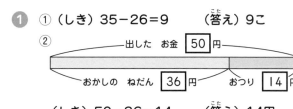

出した お金 50 円
おかしの ねだん 36 円　　おつり 14 円

（しき）50－36＝14　　（答え）14円

2 ①
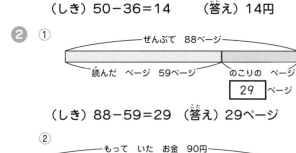

ぜんぶて 88ページ
読んだ ページ 59ページ　　のこりの ページ 29 ページ

（しき）88－59＝29　　（答え）29ページ

②
もって いた お金 90円
おかし 32円　　けしゴム 42円　　のこった お金 16 円

（しき）90－32－42＝16　　（答え）16円

1
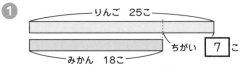

りんご 25こ
ちがい 7 こ
みかん 18こ

（しき）25－18＝7　　（答え）ちがいは 7こ

2 ①（しき）20－17＝3　　（答え）3人

②（しき）95－67＝28　　（答え）28円

③（しき）72－18＝54

（答え）54ページでのこりのほうが
多い。

1

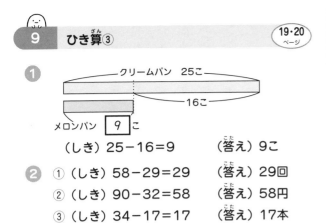

（しき）25－16＝9　　（答え）9こ

2 ① （しき）58－29＝29　　（答え）29回

② （しき）90－32＝58　　（答え）58円

③ （しき）34－17＝17　　（答え）17本

1 ①

（しき）126－84＝42　　（答え）42ページ

②

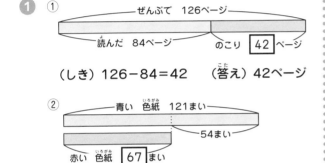

（しき）121－54＝67　　（答え）67まい

2 ① （しき）126－67＝59　（答え）59人

② （しき）168－72＝96

（答え）じゃがいものほうが　96円　やすい。

③ （しき）340－94＝246

（答え）公園から　家までの　歩数のほうが　246歩　多い。

1 ①

（しき）25－18＝7　　（答え）7ひき

②

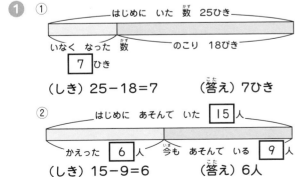

（しき）15－9＝6　　（答え）6人

2 ①

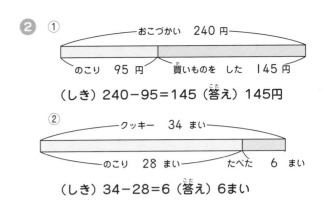

（しき）240－95＝145　（答え）145円

②

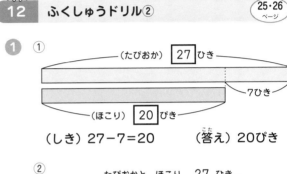

（しき）34－28＝6　（答え）6まい

1 ①

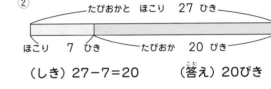

（しき）27－7＝20　　（答え）20ぴき

②

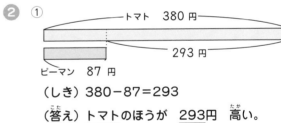

（しき）27－7＝20　　（答え）20ぴき

2 ①

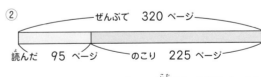

（しき）380－87＝293

（答え）トマトのほうが　293円　高い。

②

（しき）320－95＝225　（答え）225ページ

④（しき）4cm5mm＋1cm＝5cm5mm

（答え）5cm5mm

13　長さ①

27・28
ページ

※式の単位は、なくてもかまいません。

❶

ひも　75cm

切った　17cm　　のこり　[58]cm

（しき）75cm－17cm＝58cm

（答え）58cm

❷ ①（しき）105mm－74mm＝31mm

（答え）31mm

②（しき）21cm－19cm＝2cm

（答え）2cm

③（しき）350m＋95m＝445m

（答え）445m

④（しき）39cm－16cm＝23cm

（答え）23cm

※長さの計算では単位を揃えて計算することが大切です。最初のうちは、「75cm－17cm＝58cm」のように、単位を式の中に書いて意識しながら計算しても良いかもしれません。慣れてきたら、「75－17＝58」と書くようにしましょう。

14　長さ②

29・30
ページ

※式の単位は、なくてもかまいません。

❶ ①（しき）1m22cm＋20cm＝1m42cm

（答え）1m42cm

②（しき）2cm5mm＋4mm＝2cm9mm

（答え）2cm9mm

❷ ①（しき）1m23cm－6cm＝1m17cm

（答え）1m17cm

②（しき）8cm7mm＋5cm＝13cm7mm

（答え）13cm7mm

③（しき）1m80cm－50cm＝1m30cm

（答え）1m30cm

15　長さ③

31・32
ページ

※式の単位は、なくてもかまいません。

❶ （しき）※（3m35cm＝335cm）

335cm－95cm＝240cm

（答え）240cm＝2m40cm

❷ ①（しき）1m40cm－18cm＝1m22cm

（答え）1m22cm

②（しき）105mm＋74mm＝179mm

（答え）（179mm＝）17cm9mm

③（しき）※（2m＝200cm）

200cm－41cm＝159cm

（答え）（159cm＝）1m59cm

④（しき）19cm5mm＋21cm＝40cm5mm

（答え）40cm5mm

※繰り上がり、繰り下がりのある計算は1m＝100cm、1cm＝10mmであることを理解していることが大切です。単位を揃えるのが苦手なお子さんには、式を立てる前に3m35cm＝335cm、17cm9mm＝179mmなど単位換算を確認してみましょう。

16 かさ①

※式の単位は、なくてもかまいません。

1 ① （しき）1dL+1dL＝2dL （答え）2dL
　 ② （答え）10dL＝1L

2 ① （答え）1L5dL＝15dL
　 ② （答え）15はい分
　 ③ （答え）2はい分
　 ④ （答え）2L3dL＝23dL

 17 かさ②

※式の単位は、なくてもかまいません。

1 ① （しき）2L4dL−1L＝1L4dL
　　 （答え）1L4dL
　 ② （しき）1L500mL+1L＝2L500mL
　　 （答え）2L500mL

2 ① （しき）2L3dL+1L5dL＝3L8dL
　　 （答え）3L8dL
　 ② （しき）1L8dL−1L4dL＝4dL
　　 （答え）4dL
　 ③ （しき）1L500mL−80mL＝1L420mL
　　 （答え）1L420mL＝1420mL

 18 かさ③

※式の単位は、なくてもかまいません。

※かさの計算は単位を意識することが大切です。また、1L＝10dL、1L＝1000mL、1dL＝100mLを理解しているか確認しましょう。「1L8dL+2L5dL」など繰り上がりのある計算は、3L13dLと書いてから13dLを1Lと3dLに分けて4L3dL、18dL+25dL＝43dL＝4L3dLとする方法があります。また、単位を揃えてひっ算式を書くとわかりやすいです。

1 （しき）※（21L＝210dL）
　　 210dL−26dL＝184dL
　 （答え）184dL
　　　 18L4dL

2 （しき）500mL+700mL＝1200mL
　 （答え）1200mL＝1L200mL

3 （しき）15dL−8dL＝7dL
　 （答え）ペットボトルのほうが　7dL
　　　 多く　入る。

 19 ふくしゅうドリル③

※式の単位は、なくてもかまいません。

1 ① （しき）21cm−19cm＝2cm
　　 （答え）2cm
　 ② （しき）500m+200m＝700m
　　 （答え）700m
　 ③ （しき）1L3dL−1L1dL＝2dL
　　 （答え）2dL
　 ④ （しき）1L500mL+300mL＝1L800mL
　　 （答え）1L800mL

2 ① （しき）11m+3m60cm＝14m60cm
　　 （答え）14m60cm
　 ② （しき）2L4dL+1L8dL＝4L2dL
　　 （24dL+18dL＝42dL）
　　 （答え）（42dL=）4L2dL
　 ③ （しき）19cm6mm+6cm5mm＝26cm1mm
　　 （19cm6mm＝196mm）
　　 （6cm5mm＝65mm）
　　 （196mm+65mm＝261mm）
　 （答え）（261mm=）26cm1mm

 20 時こくと　時間①

1 ① （答え）20分　② （答え）2時間
2 ① （答え）48分　② （答え）20分
　 ③ （答え）1時間30分

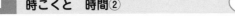

21　時こくと　時間②

1　① （答え）午後1時25分
　　② （答え）午後4時30分

2　① （答え）午前6時30分
　　② （答え）午後2時55分
　　③ （答え）午後3時10分
　　④ （答え）午後5時40分

22　時こくと　時間③

45·46 ページ

1

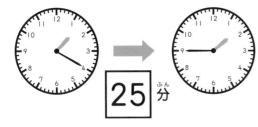

25分

（答え）午後1時20分

2　① （答え）午後5時5分
　　② （答え）午後3時30分
　　③ （答え）午後2時45分
　　④ （答え）午後4時35分

23　時こくと　時間④

47·48 ページ

1　① （答え）2時間10分
　　② （答え）75分＝1時間15分

2　① （答え）午後12時45分
　　② （答え）85分＝1時間25分
　　③ （答え）午前11時45分
　　④ （答え）午後12時25分

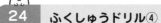

24　ふくしゅうドリル④

49·50 ページ

1　① （答え）40分
　　② （答え）午前6時50分
　　③ （答え）午後3時50分
　　④ （答え）50分

2　① （答え）2時間5分
　　② （答え）午前11時45分
　　③ （答え）午前11時50分
　　② （答え）90分＝1時間30分

25　かけ算①

51·52 ページ

1　① （しき）2×4＝8　　　（答え）8こ
　　② （しき）4×3＝12　　（答え）12本

2　① （しき）2×3＝6　　　（答え）6人
　　② （しき）5×4＝20　　（答え）20人
　　③ （しき）5×3＝15　　（答え）15本
　　④ （しき）4×6＝24　　（答え）24こ

※かけ算は「かけられる数」×「かける数」を意識して式を立てましょう。一般的にひとつ分の数が「かけられる数」で、いくつ分かが「かける数」になります。「1台に5人乗れる（かけられる数）車が4台（かける数）あったら全部で何人乗れますか」という問いの場合、5×4＝20で答え20人になります。かけ算は入れ替わっても答えは変わりませんが、文章題の時は少し意識してあげると算数における読解力につながります。

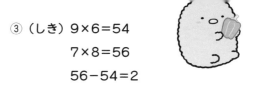

26 かけ算②　53・54 ページ

❶ ① （しき）6×5=30　（答え）30まい
　② （しき）7×5=35　（答え）35日

❷ ① （しき）9×4=36　（答え）36人
　② （しき）7×8=56　（答え）56人
　③ （しき）8×6=48　（答え）48本
　④ （しき）5×6=30　（答え）30こ

27 かけ算③　55・56 ページ

❶ ① （しき）6×8=48　（答え）48L
　② （しき）3×9=27　（答え）27cm

❷ ① （しき）9×8=72　（答え）72mm
　② （しき）5×4=20　（答え）20mL

❸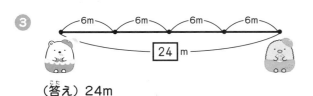
（答え）24m

28 かけ算④　57・58 ページ

❶ ① （しき）4×2=8
　　　　　4+8=12
　　　（答え）12ページ
　② （しき）2×3=6
　　　　　6×2=12
　　　　　12−6=6
　　　（答え）バケツのほうが　6L　多く　入る。

❷ ① （しき）6×3=18
　　　　　18−6=12
　　　（答え）12分
　② （しき）7×3=21
　　　　　6×2=12
　　　　　21+12=33
　　　（答え）33人

③ （しき）9×6=54
　　　　7×8=56
　　　　56−54=2
（答え）7cmの　テープのほうが　2cm　長い。

29 ふくしゅうドリル⑤　59・60 ページ

❶ ① （しき）2×8=16　（答え）16点
　② （しき）8×7=56　（答え）56こ
　③ （しき）3×5=15　（答え）15m

❷ ①⑦ （しき）2×6=12　（答え）12こ
　　⑦ （しき）6×6=36　（答え）36こ
　　⑦ （しき）36−12=24
　　　（答え）みかんが　24こ　多い。
　②⑦ （しき）2×3=6　（答え）6L
　　⑦ （しき）8−6=2　（答え）2L

30 まとめの　テスト①　61・62 ページ

❶ ① （しき）18+15=33　（答え）33まい
　② （しき）380+70=450　（答え）450円

❷ ① （しき）435+84=519　（答え）519円
　② （しき）174+38=212　（答え）212ページ
　③ （しき）90+90+48=228
　　　（答え）228円

31 まとめの　テスト②　63・64 ページ

❶ ① （しき）365−90=275　（答え）275日
　② （しき）144−56=88　（答え）88ページ

❷ ① （しき）1000−800=200
　　　（答え）200円
　② （しき）138−32=106　（答え）106円
　③ （しき）149−88=61
　　　（答え）ただしさんのほうが　61ページ
　　　　多く読んだ。

32 まとめの テスト③ （65・66ページ）

1 ① （しき）340−55＝285 （答え）285円

② （しき）66−15＋9＝60 （答え）60人

③ （しき）26＋15＝41 （答え）41回

2 ①

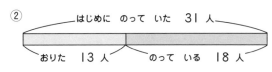

シュークリーム 188円

89円

どらやき 99円

（しき）188−99＝89

（答え）シュークリームのほうが 89円 高い。

②

はじめに のって いた 31人

おりた 13人　のって いる 18人

（しき）13＋18＝31 （答え）31人

33 まとめの テスト④ （67・68ページ）

1 ① （しき）305cm−45cm＝260cm

（答え）260cm

② （しき）1L7dL−1L2dL＝5dL

（答え）5dL

③ （しき）1L200mL＋300mL＝1L500mL

（答え）1L500mL

2 ① （しき）3L8dL＋4dL＝4L2dL

（3L8dL＝38dL）

（38dL＋4dL＝42dL）

（答え）（42dL＝）4L2dL

② （しき）28cm4mm＋9cm＝37cm4mm

（答え）37cm4mm

③ （しき）1L700mL−900mL＝800mL

（1L700mL＝1700mL）

（1700mL−900mL＝800mL）

（答え）800mL

3 （しき）（5m40cm＝540cm）

90cm＋540cm＝630cm

（答え）630cm＝6m30cm

34 まとめの テスト⑤ （69・70ページ）

1 ① （答え）110分＝1時間50分

② （答え）午前6時40分

③ （答え）午後4時25分

④ （答え）80分＝1時間20分

2 ① （答え）午前11時45分

② （答え）午前10時10分

35 まとめの テスト⑥ （71・72ページ）

1 ① （しき）4×9＝36 （答え）36本

② （しき）6×7＝42 （答え）42こ

③ （しき）3×4＝12 （答え）12m

④ （しき）5×3＝15 （答え）15mL

2 ① ⑦ （しき）5×7＝35 （答え）35本

④ （しき）3×7＝21 （答え）21本

⑤ （しき）35−21＝14

（答え）赤えんぴつが 14本 多い。

② ⑦ （しき）3×6＝18 （答え）18L

④ （しき）20−18＝2 （答え）2L